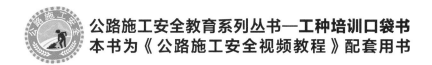

公路施工安全教育系列丛书—工种培训口袋书
本书为《公路施工安全视频教程》配套用书

起重机械指挥人员
安全操作手册

广 东 省 交 通 运 输 厅 组织编写

广东省南粤交通投资建设有限公司
中 铁 隧 道 局 集 团 有 限 公 司 主　编

U0269556

人民交通出版社股份有限公司
China Communications Press Co.,Ltd.

内 容 提 要

本书是《公路施工安全教育系列丛书——工种安全操作》中的一本,是《公路施工安全视频教程》(第五册 工种安全操作)的配套用书。本书主要介绍起重机械指挥人员安全作业的相关内容,包括:起重机械指挥人员简介、起重机械指挥人员职责及安全风险、起重机械指挥人员基本要求、起重机械指挥人员作业安全要求等。

本书可供起重机械指挥人员使用,也可作为相关人员安全学习的参考资料。

图书在版编目(CIP)数据

起重机械指挥人员安全操作手册/广东省交通运输

厅组织编写;广东省南粤交通投资建设有限公司,中铁

隧道局集团有限公司主编. — 北京:人民交通出版社股

份有限公司,2018.12

ISBN 978-7-114-15052-4

Ⅰ.①起… Ⅱ.①广… ②广… ③中… Ⅲ.①起重机

械—操作—技术手册 Ⅳ.①TH210.7-62

中国版本图书馆 CIP 数据核字(2018)第 225958 号

Qizhong Jixie Zhihui Renyuan Anquan Caozuo Shouce

书　　名:起重机械指挥人员安全操作手册
著 作 者:广东省交通运输厅组织编写
　　　　　广东省南粤交通投资建设有限公司　中铁隧道局集团有限公司主编
责任编辑:韩亚楠　郭红蕊
责任校对:刘　芹
责任印制:张　凯
出版发行:人民交通出版社股份有限公司
地　　址:(100011)北京市朝阳区安定门外馆斜街 3 号
网　　址:http://www.ccpress.com.cn
销售电话:(010)59757973
总 经 销:人民交通出版社股份有限公司发行部
经　　销:各地新华书店
印　　刷:北京交通印务有限公司
开　　本:880×1230　1/32
印　　张:1.25
字　　数:34 千
版　　次:2018 年 12 月　第 1 版
印　　次:2023 年 4 月　第 3 次印刷
书　　号:ISBN 978-7-114-15052-4
定　　价:15.00 元
(有印刷、装订质量问题的图书由本公司负责调换)

编委会名单

EDITORIAL BOARD

《公路施工安全教育系列丛书——工种安全操作》
编审委员会

主 任 委 员：黄成造

副主任委员：潘明亮

委　　　员：张家慧　陈子建　韩占波　覃辉鹃

　　　　　　王立军　李　磊　刘爱新　贺小明

　　　　　　高　翔

《起重机械指挥人员安全操作手册》
编 写 人 员

编　　　写：李　萍　赵志伟　熊祚兵

校　　　核：王立军　刘爱新

版 面 设 计：张　杰　万雨滴

致工友们的一封信

LETTER

亲爱的工友：

你们好！

为了祖国的交通基础设施建设，你们离开温馨的家园，甚至不远千里来到施工现场，用自己的智慧和汗水将一条条道路、一座座桥梁、一处处隧道从设计蓝图变成了实体工程。你们通过辛勤劳动为祖国修路架桥，为交通强国、民族复兴做出了自己的贡献，同时也用双手为自己创造了美好的生活。在此，衷心感谢你们！

交通建设行业是国家基础性和先导性行业，也是安全生产的高危行业。由于安全意识不够、安全知识不足、防护措施不到位和违章操作等原因，安全事故仍时有发生，令人非常痛心！从事工程施工一线建设，你们的安全牵动着家人的心，牵动着广大交通人的心，更牵动着党中央及各级党委、政府的心。为让工友们增强安全意识，提高安全技能，规范安全操作，降低安全风险，保证生产安全，我们组织开发制作了以动画和视频为主要展现形式的《公路施工安全视频教程》(第五册　工种安全操作)，并同步编写了配套的《公路施工安全教育系列丛书——工种安全操作》口袋书。全套视频教程和配套用书梳理、提炼了工种操作与安全生产相关的核心知识和现场安全操作要点，易学易懂，使工友们能知原理、会工艺、懂操作，在工作中做到保护好自己和他人不受伤害。

请工友们珍爱生命，安全生产；祝福你们身体健康，工作愉快，家庭幸福！

广东省交通运输厅

二〇一八年十月

目录

CONTENTS

1 PART / 起重机械指挥人员简介

（1）起重机械指挥人员是在起重机作业中，负责将各种**起重信号指令传递**给起重机操作工，指挥起重机械和载荷移动的专业人员。

（2）起重机械指挥人员属特种设备作业人员，须持《特种设备作业人员证》（起重机械指挥 Q3）方可上岗。

29	起重机械安装维修	Q1
30	起重机械电气安装维修	Q2
31	起重机械指挥	Q3
32	桥门式起重机司机	Q4
33	塔式起重机司机	Q5
34	门座式起重机司机	Q6
35	缆索式起重机司机	Q7
36	流动式起重机司机	Q8
37	升降机司机	Q9
38	机械式停车设备司机	Q10

（3）起重机械指挥通常有**旗语**、**哨语**、**手势**和**对讲机**四种方式，目前施工中常用对讲机进行指挥。

旗语指挥

哨语指挥

手势指挥

对讲机指挥

2PART／起重机械指挥人员职责及安全风险

2.1 起重机械指挥人员职责

(1)熟练掌握起重机安全操作规程并严格遵守。

中铁隧道局集团有限公司XX高速公路XX项目经理部

起重机安全操作规程

1.起重作业人员应持证上岗,作业中须正确佩戴个人防护用品。
2.任何情况下,起重作业人员应与吊物保持安全距离,严禁进入吊物下方。
3.当采用绳夹固定钢丝绳索时,绳夹最少数量应满足规程要求。
4.固定钢丝绳的夹板应在钢丝绳受力绳一边,绳夹间距不应小于钢丝绳直径的6倍。
5.钢丝绳严禁采用打结方式捆绑吊物,严禁使用达到报废标准的吊具、索具进行起重作业。
6.起重机吊钩的吊点应力求与吊物重心在同一条铅垂线上,使吊物处于稳定平衡状态。
7.当采用两点或多点起吊时,吊索数量与吊点数相符,且各吊索的材质、结构尺寸、索眼端部固定连接等性能相同。
8.起吊前指挥人员应与起重机操作工确认信号传输方式,统一传输指令。
9.起吊前,应对吊具、索具安全性能以及吊物吊点设置、捆扎方式进行检查确认,并试吊。
10.严格执行十不吊规定:(1)信号指挥不明不准吊;(2)斜吊斜挂不准吊;(3)吊物重量不明或超负荷不准吊;(4)散物捆扎不牢、堆放不整齐或物料装放过满不准吊;(5)吊物上站人不吊;(6)埋在地下的构件不吊;(7)安全装置不全或失灵不吊;(8)现场光线阴暗看不清吊物起落点不准吊;(9)棱刃物与钢丝绳直接接触无保护措施不准吊;(10)遇雷雨、大风、大雪、大雾等恶劣天气时不准吊。

(2)严格执行安全管理规章制度、安全技术交底,不违章指挥,不擅离指挥岗位。

（3）熟悉工作环境，正确选择指挥站位，确保自身安全。

（4）清晰、准确发出指挥信号、口令，确保起重机操作工准确执行。

（5）负责合理选择吊具、索具，并做好日常检查工作。

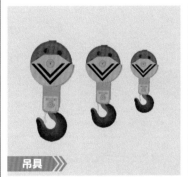

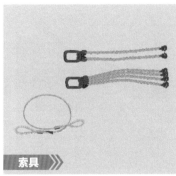

（6）负责起吊前做好被吊物件捆绑、挂设情况的检查确认。

（7）负责排除工作现场的各种起重障碍，并配合起重机操作工做好应急处置。

（8）负责本岗位工具、通信器材的保管和维护。

信号旗

对讲机

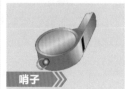

哨子

2.2 起重机械指挥人员的主要风险

　　起重机械指挥人员现场作业中存在起重伤害、物体打击、高处坠落等安全风险。

起重伤害

物体打击

高处坠落

3 PART / 起重机械指挥人员基本要求

(1)起重机械指挥人员应年满18周岁、身体健康。

（2）按照《特种设备作业人员监督管理办法》有关要求，经培训考核持有《特种设备作业人员证》后方可从事相应的作业。

（3）《特种设备作业人员证》每4年复审1次，持证人员应当在复审期届满3个月前，向发证部门提出复审申请；复审不合格、逾期未复审的，不得从事特种设备作业。

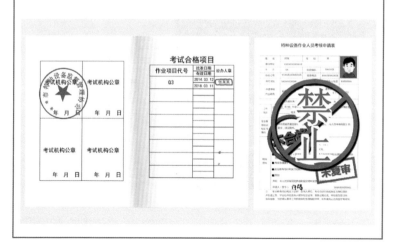

(4)用人单位应当对证件真伪进行查询。

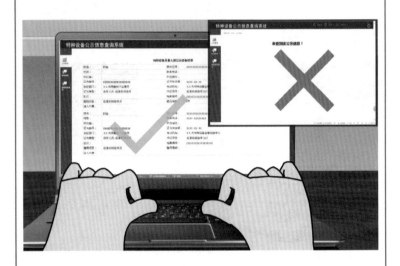

(5)上岗前应接受进场安全教育培训并考试合格。

（6）作业中须正确佩戴个人防护用品。

（7）指挥人员应掌握所指挥起重机的性能，并能熟练使用对讲机发出准确、清晰的口令。

起重作业对讲指挥语言		
类别	指挥指令	指挥语言
起重机的状态	开始工作	开始
	停止或紧急停止	停
	工作结束	结束
吊钩的移动	正常上升	上升
	微微上升	上升一点
	正常下降	下降
	微微下降	下降一点
	正常向前	向前
	微微向前	向前一点
	正常向后	向后
	微微向后	向后一点
	正常向右	向右
	微微向右	向右一点
	正常向左	向左
	微微向左	向左一点
转台的回转	正常右转	右转
	微微右转	右转一点
	正常左转	左转
	微微左转	左转一点

（8）能够准确判断吊物吊运距离、高度和所需净空。

（9）应当在视野良好的安全区域指挥作业。

PART 起重机械指挥人员作业安全要求

4.1 一般安全要求

4.1.1 起重吊装作业中严格执行"十不吊"。
(1)信号指挥不明不准吊。

(2)斜牵斜挂不准吊。

（3）吊物重量不明或超负荷不准吊。

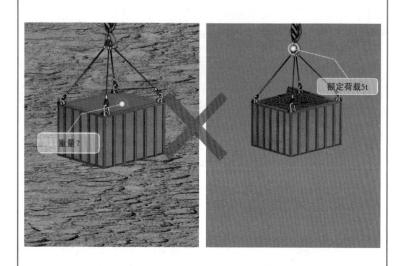

（4）散物捆扎不牢、堆放不整齐或物料装放过满不准吊。

（5）吊物上有人不准吊。

（6）埋在地下物件不准吊。

（7）安全装置失灵或带病不准吊。

（8）现场光线阴暗看不清吊物起落点不准吊。

（9）棱刃物与钢丝绳直接接触无保护措施不准吊。

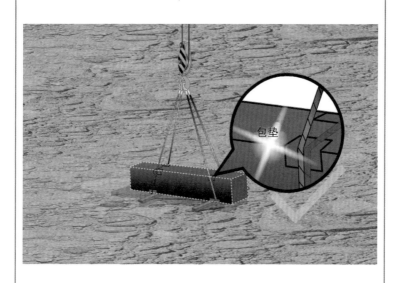

包垫

（10）遇雷雨、大风、大雪、大雾等恶劣天气时不准吊。

雷雨

大风

大雪

大雾 》》

4.1.2 任何情况下,应与吊物保持安全距离,严禁进入吊物下方。

4.1.3 当采用绳夹固接钢丝绳吊索时,绳夹最少数量应满足规程要求。

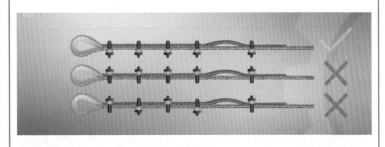

钢丝绳吊索绳夹最少数量	
绳夹规格(钢丝绳公称直径)(mm)	钢丝绳夹的最少数量(组)
≤18	3
18~26	4
26~36	5
36~44	6
44~60	7

4.1.4 固定钢丝绳的夹板应在钢丝绳受力绳一边,绳夹间距不应小于钢丝绳直径的 6 倍。

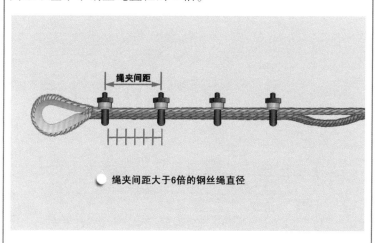

绳夹间距大于6倍的钢丝绳直径

4.1.5 钢丝绳严禁采用打结方式捆绑吊物。

4.1.6 起重机吊钩的吊点,应与吊物重心在同一条铅垂线上,使吊物处于稳定平衡状态。

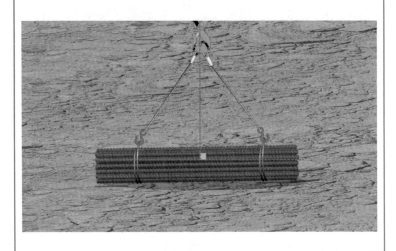

4.1.7 当采用两点或多点起吊时,吊索数宜与吊点数相符,且各吊索的材质、结构尺寸、索眼端部固定连接等性能应相同。

·吊索数与吊点数不符

·索眼端部固定连接的卡环材质不同

4.1.8　钢丝绳达到以下条件应予以报废（GB/T 5972—2009《起重机钢丝绳保养、维护、安装、检验和报废》）。

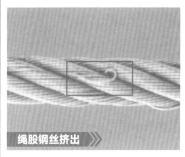

绳股钢丝挤出

单股钢丝绳绳芯挤出

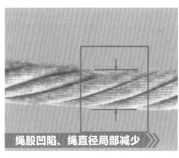

绳股凹陷、绳直径局部减少

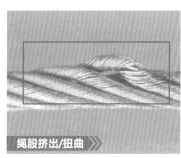

绳股挤出/扭曲

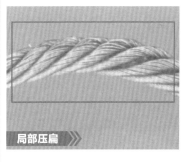

局部压扁

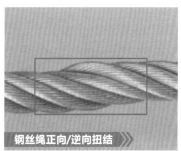

钢丝绳正向/逆向扭结

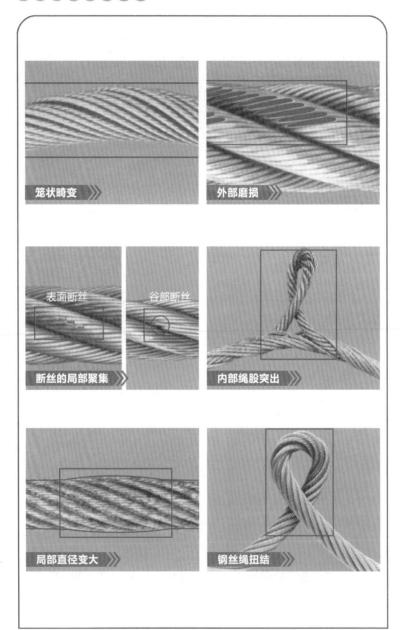

笼状畸变

外部磨损

表面断丝

谷部断丝

断丝的局部聚集

内部绳股突出

局部直径变大

钢丝绳扭结

4.2 吊装前安全要求

（1）与起重机操作工确认信号传输方式，统一传输指令。

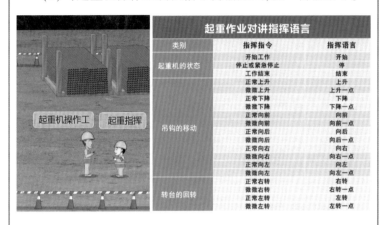

起重作业对讲指挥语言		
类别	指挥指令	指挥语言
起重机的状态	开始工作	开始
	停止或紧急停止	停
	工作结束	结束
吊钩的移动	正常上升	上升
	微微上升	上升一点
	正常下降	下降
	微微下降	下降一点
	正常向前	向前
	微微向前	向前一点
	正常向后	向后
	微微向后	向后一点
	正常向右	向右
	微微向右	向右一点
	正常向左	向左
	微微向左	向左一点
转台的回转	正常右转	右转
	微微右转	右转一点
	正常左转	左转
	微微左转	左转一点

（2）检查确认吊装区域安全防护、吊运材料、物件摆放等情况。

（3）检查确认吊具、索具的安全性能、外观缺陷等。

（4）起吊前，对起吊物吊点设置、捆扎方式进行确认，并试吊。

4.3 吊装中安全要求

(1)与起重机操作工保持密切联系,专心注视负载起吊、运转、就位的全过程。

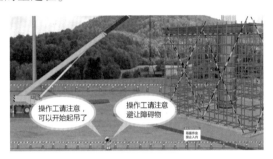

(2)随时观察吊运半径内各种障碍物,指挥起重机操作工及时避让,并与输电架空线路保持安全距离。

起重机与架空线路边线的最小安全距离							
安全距离(m)	电压(kV)						
	<1	10	35	110	220	330	500
沿垂直方向	1.5	3.0	4.0	5.0	6.0	7.0	8.5
沿水平方向	1.5	2.0	3.5	4.0	6.0	7.0	8.5

（3）随吊运物件移动指挥时,应随时指挥吊运物避开人员和障碍物。

（4）不能同时看清操作工和负载时,须增设中间指挥人员以便逐级传递信号。

（5）当发现错传信号时,应立即发出停止信号。

（6）用两台起重机吊运同一负载时,均匀分配起吊物重量,统一指挥信号,确保同步吊运、协调一致。

（7）多台塔吊相邻作业存在作业半径重叠时,加强观察,避免发生危险。

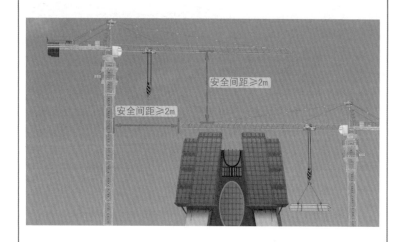

（8）吊运过程突发异常时,立即发出"紧急停止"信号,并通知危险部位人员撤离。

(9)吊物降落前,检查确认降落区域安全状态后,方可发出降落信号;必要时应发出"微动"信号,缓慢降落。

(10)严禁将吊物降落在管线、安全通道及作业平台边缘。

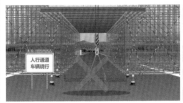

(11)吊物降落后需抽取钢丝绳的,应预先放置垫木预留空间,待钢丝绳抽出后方可起钩,严禁使用起重机直接抽取钢丝绳。

起重机械指挥人员安全口诀

起重作业风险高　指挥引导很重要

吊装安全心中绕　严格遵守十不吊

吊具索具查完好　磨损超限快换掉

协调使用要配套　环境风险提前消

吊物捆扎平又牢　试吊检验不能少

吊前沟通定信号　指令清晰又可靠

预判风险早知道　眼随吊物细引导

移动就位准可靠　安全吊装效益高